藝術家出版社

龐均
Pang, Jiun 70

藝術家出版社

目錄
Contents

屇 藝術不能停止

我從來就沒有想過要舉辦一次「回顧展」。冥冥之中，總是有一種新的東西在等待我，藝術就是這樣無止境；沒有「回首」，只有希望！永遠追求一個不可知的理想境界。

今次的展出（2006年8月於北京）對我深具意義；我的作品二十六年沒有同北京觀眾見面了。五十二年前的「創作室」已不在，老畫家大部分斯人已去。齊白石的故居——「北京畫院」已經遷移，我已是「陌生人」！但從「中央美術學院」至「畫院」，至少有六處我曾經創作過的畫室仍舊牢牢留在我心中……。每個階段都有不同的歡樂、苦惱與悲傷！

因爲距離與時空的困難，我選的作品百分之九十是未曾面世的新作。我的習慣就是這樣：只有在大量新作的展示中，才能思考自己的明天是什麼。倘若不斷展出舊作，我認爲是一種倒退和「失敗」，藝術靈感已死。

在北京舉辦三百幅油畫大展，是我渴望的理想。我眞希望少小離家老大回，見見闊別數十年目前在世的老朋友，讓朋友們了解近三十年我在做什麼，分享我的努力與成果。

二〇〇六年開始，正當我有創作一系列巨幅油畫的計畫時，不愼於二月二十日早七時滑倒，左臂粉碎性斷裂！當我在十分鐘裡無法站起來之時，在極端痛苦的第一秒，想到的是雷諾瓦（1841～1919）和梵谷（1853～1890），他們都是在病痛中畫出超凡的傑作，好在我是左臂而已，醫療中難忍的痛苦就不必提了。六天後（二十六日）在獨臂的情況下，我畫了一幅簡單的線條畫〈斷臂一號（星辰花）〉；二十八日畫了175×175cm巨幅油畫靜物〈斷臂二號〉，近三小時完成，全程錄影。這一切只是爲了今後作畫的信心，不甘願倒下！

古典音樂是我靈魂的工程師，因此不顧一切地買了黑膠唱片音響，靜靜地聽音樂，使我大有收穫，似乎我又跨入了一個更具靈性境界的藝術殿堂！繪畫衝動一湧而出，我的手與臂必定會更加靈活！那些最美的旋律就是我所求的色彩、生命力與激情。在繪畫中很難解決的問題，在音樂中再次得到醒悟。這種精神性魅力就是「情緒」、「衝動」、「情感」，一種只可意會不可言傳、可視而不可知的繪畫元素。除了「造形」與「色彩」兩大繪畫元素外，以上可稱之爲「第三元素」，即「精神元素」。

六十年繪畫生活，始終追求一條創作之路——尋求個人靈感的藝術「符號」。走得辛苦，但方向明確。終於在漫長的歲月中形成了我自己。沒有畫什麼特別的東西，只是畫自己的「心」，對任何平淡事物的感覺，不是由「形式」決定的，而是由感覺與情緒決定的。不管別人怎樣看，我只知道：任何表現形式與技巧手法都是從一時的感覺而生，別無他求。

藝術就是如此，非常主觀！十分個性化！充滿情緒化！難道不是這樣嗎？這就是藝術生命之所在！

藝術不能停止，創作必在自我。

在我的經驗中，主觀地，甚至是固執的「極端主義」地認爲：一個藝術家必須十分熱愛古典音樂和文學，而且要有深度的理解，才能形成修養，達到藝術的最高境界。所謂「境界」，在創作中不是「造形」能力和「技巧」問題，它是很多因素的綜合。缺乏諸多的精神因素，任何表現形式與風格都將流於表面化。

藝術除任何形式與技術外，「精神元素」是藝術中的藝術。

阮均

2006 年 2 月至 3 月斷臂期間的省思

Art Cannot Stop

I never thought of having a retrospective exhibition. There is always something new waiting for me in the dark, prompting me to go forward in the boundless territory of art. Instead of a 'looking-back,' there is hope, an ideal state in which I, as an artist, incessantly quest for the unknown.

The exhibition which is going to be held in Beijing in August, 2006, however, is profoundly significant to me. It has been 26 years since my works disappeared from before the eyes of the Beijing audience. The workshop has been closed for 52 years, most of the senior generation of painters have passed away, and Chi Pai-shih's residence has been removed from Beijing Art Academy. I have become, as it were, a complete stranger to Beijing, despite the fact that the memories of the six studios I have worked at persist in my mind, with feelings of joy, bitterness, and sadness.

Due to the considerations of distance and reception, 90% of the works in this exhibition have never been exhibited. This is my habit. To me, it is only through the exhibiting of new works that I can contemplate tomorrow. To repeatedly exhibit old works, on the contrary, is a regression and a manifestation of 'inner failure,' of a dry -out of artistic creativity.

It has been my wish to hold an exhibition of 300 pieces of my works. Through the exhibition, I hope to resume contact with my old friends in Beijing whom I have not seen for decades, to show to them how I have been progressing and what I have achieved in the 30 years.

At the beginning of 2006, when I was working on a project of a series of large-size oil paintings, I slipped and had a comminuted fracture on my left arm. In the ten minutes since I broke my arm on February 20 at 7 am, the faces of Pierre-Auguste Renoir (1841 - 1919) and Vincent Willem van Gogh (1853 - 1890), both of whose masterpieces were produced in times of agony, flashed through my mind, as I was in extreme pain. Fortunately, it was only my left arm that was in pain, besides the intolerable suffering resulted from medical treatment. Six days later (on February 26), I completed "Broken Arm I" ("Flowers of Stars"), a painting composed of simples lines. On February 28, "Broken Arm II" (175x175cm), a large-size still-life painting, was completed; the three hours process of producing the work was also video-taped. These works and video were intended as a record of my perseverance and an incentive for me to go on.

During the period, classical music served as an architect of my soul. Regardless of the price, I bought a stereo set capable of playing vinyl records. As the music flowed peacefully from the stereo into my head, I felt my soul refreshed, ready to engage itself in an ethereal experience with art; as the creative impulses sprang forth, my hands and arms also became more deft and swift than they were before. The melody, which is the most beautiful one in the world, represented the color, vitality, and passion that I have been searching for. Under its spiritual charm, which derived from the mood, impulse, and emotion that permeated it, the difficulties that once entangled me in painting were disentangled in music. This 'spiritual element' of painting, this perceptible but ineffable, visible but incomprehensible charm, can be regarded as the third element of painting, besides 'construction' and 'color.'

For sixty years, my goal in the road of art creation has been the same: to achieve a full representation of personal intuition in art. It is a laborious but prospective road, during the long course of which my-self is slowly but steadfastly in forming. What I paint is nothing but my 'heart,' the feelings that the everyday life induced in me. They are determined not by form, but by feelings and moods. Despite what people may perceive about art, all I know is that every form of expression and technique of my art are generated solely by the feelings I experienced at the moment of creation.

Such is art — very subjective, highly individual, and extremely emotional. This is the core of art.

Art cannot stop. Creativity comes from within ourselves.

I maintain my subjective, even obstinately extremist, assertion that an artist should also be an ardent advocate of classical music and literature, and that s/he should strive for an in-depth understanding of them to cultivate a sense of beauty, and further to achieve the highest state of art. This state of art, ineffable as it is, involves not only the elements of construction and techniques of art creation, but also a whole array of other elements and their interconnections. What a work of art devoid of spiritual undertones achieve, is nothing more than a superficial demonstration of form or style.

Besides form and technique, art has the 'spiritual element' at its core.

Pang, Jiun
February and March, 2006, during my recovery

少小離家老大回，2006 年 8 月正當七十歲個展於北京三個月⋯⋯

阿詩瑪的故鄉
Ashima's Hometown　72.5 × 60.5cm　2004

灰瓦頂與水道（烏鎮小景）
Stream Flowing Through the Grey-Tiled Houses (A Scene in Wuzhen)　175 × 175cm　2006

麗江古城
The Ancient City of Lijiang　60.5 × 72.5cm　2004

泰雅小姐妹
Little Atayal Sisters　175 × 175cm　2006

綠色構成
Green Composition　72.5 × 60.5cm　2005

40 分鐘（女人體）
40 Minutes（Female Body） 60.5 × 50cm 2006

白色蝴蝶蘭
Phalaenopsises Aphrodite　72.5 × 60.5cm　2006

紅花瓶
Red Vase　60.5 × 72.5cm　2006

此乃真蹟（蝴蝶蘭）
"This is the Original." (Phalaenopsises)　175 × 175cm　2006

野百合
Lilies　72.5 × 60.5cm　2006

少女與果
Girl and Fruits　165×165cm　2005

古巷
Ancient Alley　72.5 × 60.5cm　2004

樹線
Curves of the Trees　175×175cm　2006

老舊的東西
Antique Stories　60.5 × 72.5cm　2006

小紅花與繡球花
Little Red Flowers and Hydrangeas　72.5 × 60.5cm　2006

紫色與藍色對話
Dialogue Between Purple and Blue　72.5 × 60.5cm　2006

正在青春
Blooming Youth　175×175cm　2005

來自巴黎的牡丹
Peonies from Paris　165 × 165cm　2005

花桌布
Flowery Tablecloth　72.5 × 60.5cm　2006

52 分鐘（女人體）
52 Minutes（Female Body）　72.5 × 60.5cm　2004

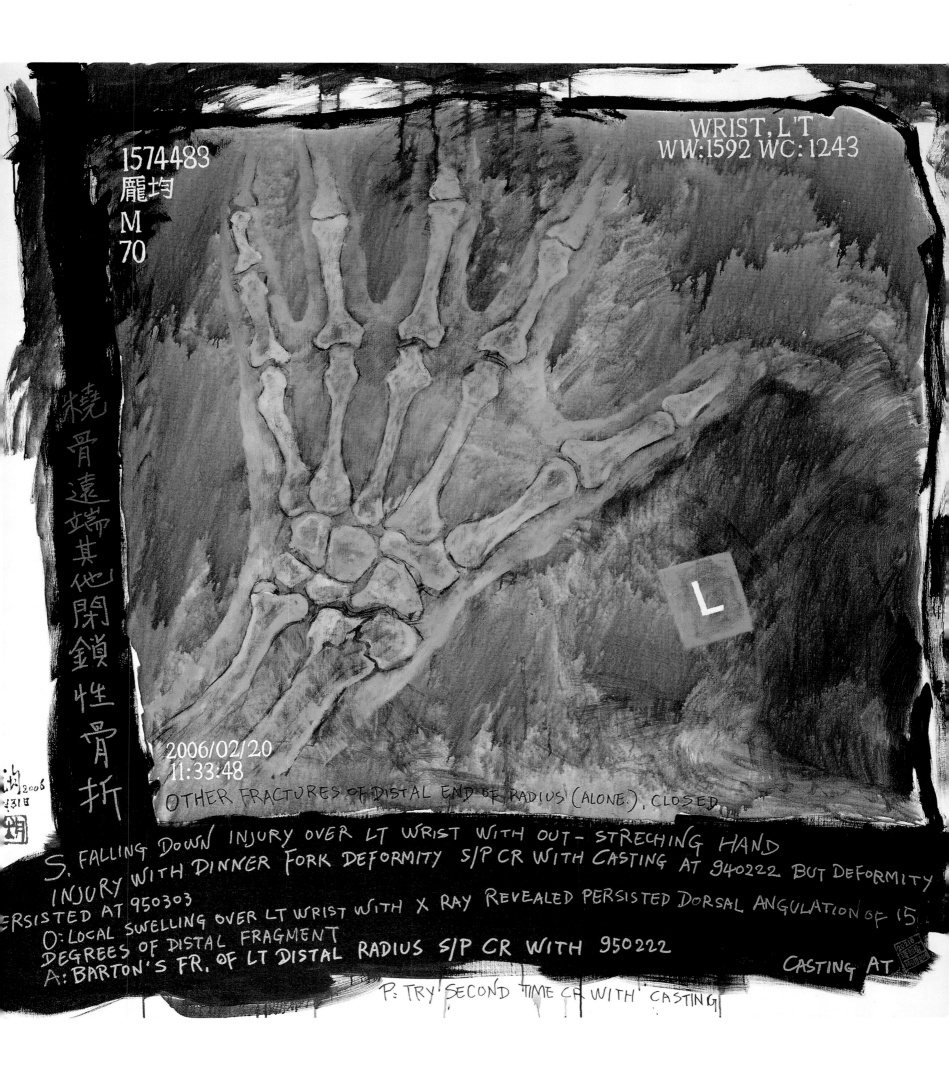

荔枝正上市
Litchis in Season   50 × 60.5cm   2006

斷臂一號（星辰花）
Broken Arm I（Flowers of Stars） 72.5 × 60.5cm 2006

35

灰色構成（桔梗與繡球）
Grey Composition　72.5 × 60.5cm　2006

斷臂二號（靜物）
Broken Arm II（Still Life） 175 × 175cm 2006

玉荷包
Litchis（Crystal Purses）72.5 × 60.5cm　2006

藍色繡球
Blue Hydrangeas　72.5 × 60.5cm　2006

紅花與虎頭蘭
Red Flowers and Cymbidiums   60.5 × 50cm   2006

紅背景與綠葉
Green Leaves Against Red Background　72.5 × 60.5cm　2006

44

兩個瓶花
Two Bottles of Flowers　72.5 × 60.5cm　2006

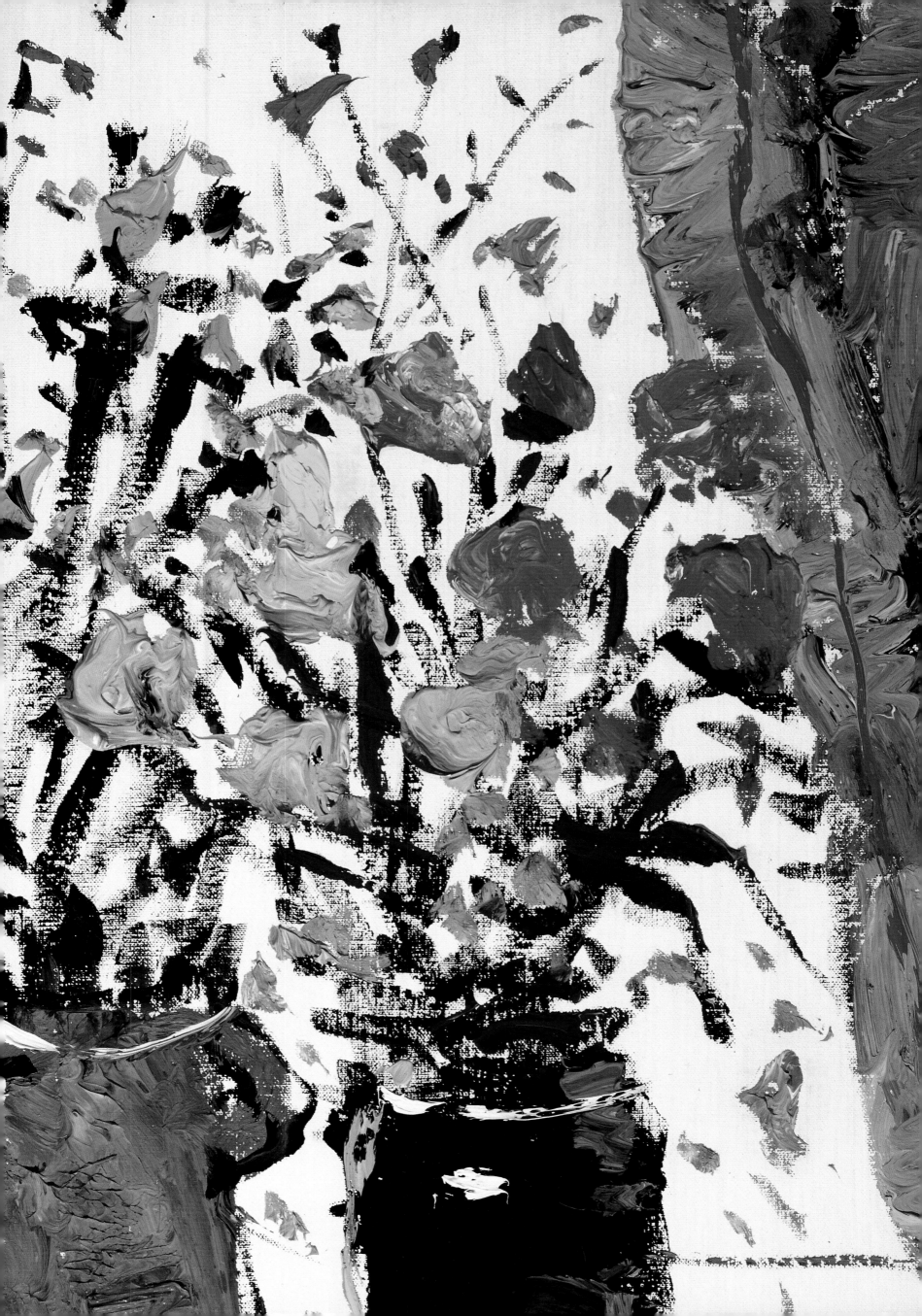

蝴蝶蘭
Phalaenopsises　72.5 × 60.5cm　2006

火鶴
Flaming Lilies　72.5 × 60.5cm　2006

寫意之趣
Thoughts Rendered Visible 72.5 × 60.5cm 2006

灰色組合（野百合）
Grey Combination（Lilies）　72.5 × 60.5cm　2006

龐均藝術生活年表

美術工作者陳文弘整理

年代	龐均	相關紀事
1936	·龐均1936年於8月8日出生於上海的江南文人世家和藝術家庭。高祖探花官拜一品，曾祖進士貴州巡撫。父龐薰琹是著名油畫家，1925～1930年留學於巴黎，1931年於上海組織「決瀾社」，發表「決瀾社」宣言。首次在中國提倡現代藝術。母親丘堤是留學於東京的油畫家。 ·龐均出生28天隨父母到北平。一歲多患丹毒，進入北京「協和醫院」特等加護病房。成為全國第一台美國進口電療機之第一位病患，而救活一命。 ·龐薰琹赴北平藝專任教圖案科。	·阿弗列·巴爾在紐約舉辦名為「幻想藝術、達達派和超現實主義」的展覽。 ·畢卡索（Pable Picasso）任普拉多美術館館長。
1937	·未滿周歲爆發七七盧溝橋事變。 ·隨父母離開北平遷往大後方。	·埃及古墓中發掘出四千五百年前的藝術品。 ·畢卡索（Pable Picasso）為1937年巴黎萬國博覽會中的西班牙館繪製〈格爾尼卡〉（Guernica）作品。 ·古根漢非具象繪畫收藏藝廊（現為古根漢美術館）成立。
1938	·中日戰爭爆發，隨父母到湖北、江西、漢口再轉至雲南昆明暫時定居。 ·龐薰琹於國立藝專任教。	·延安魯迅藝術文學院成立。 ·布荷東（Andre Breton）、杜象（Marcel Duchamp）等參加巴黎國際超現實主義畫展的組織工作。 ·第一屆超現實主義國際展於巴黎舉行。
1939	·二歲八個月在昆明畫了第一幅自畫像。 ·母親自製洋娃娃賣捐獻支援抗日，亦是童年的唯一玩具。 ·龐薰琹離開國立藝專。 ·龐薰琹任職雲南昆明中央研究院，在雲、川各地考察研究大量古代陶、銅、石器圖案紋樣和少數民族圖案，編繪《中國圖案集》四冊和《工藝美術集》。	·夏卡爾（Marc Chagall）獲匹茲堡卡內基國際獎首獎。
1940	·在家塗鴉作畫。 ·龐薰琹任職重慶中央大學教授。	·米羅（Joan Miro）開始創作〈星座〉連作。 ·超現實畫家保羅·克利（Paul Klee）逝世。
1941	·開始畫父母親肖像及一系列水彩畫。	·因戰爭爆發，上海美專部分師生內遷併入國立東南聯合大學，成立藝術專修科。 ·馬克思·恩斯特（Max Ernst）流亡西班牙後抵美國紐約，與佩姬·古根漢結婚。 ·布荷東（Andre Breton）發表「超現實主義的創世紀與藝術的展望」。
1942	·六歲進入成都華西後霸小學，與彭萬墀同學。	·國立藝術專科學校遷至重慶沙坪壩。 ·美國紐約舉行「流亡藝術家」畫展。 ·蒙德利安（Piet Cornelis Mondriaan）於紐約舉行首次個展。
1943	·母親開始教唐詩、宋詞。 ·常見英國領事館蘇立文（Michael Sullivan）及其夫人蘇環。常聽蘇立文同父親談藝術。（蘇立文當時任職成都華西大學博物館。戰後任英國牛津大學加德琳學院教授、美國史丹佛大學藝術史教授、倫敦大學藝術史講師）。 ·龐薰琹在四川省立藝術專科學校任教授兼實用美術系主任。	·「美國的寫實派與魔術寫實派畫展」於紐約現代美術館舉行。 ·傑克森·帕洛克（Jackson Pallock）於佩姬·古根漢（Peggy Guggenhein）紐約的本世紀藝廊首展。
1944	·小學美術課成績始終100分。 ·在母親指導下開始背讀唐詩三百首。 ·「獨立美術學會」成立，成員包括林風眠、丁衍庸、龐薰琹、倪貽德、李仲生、趙無極等。	·「畢卡索（Pable Picasso）畫展」在墨西哥現代美術館舉行。 ·康丁斯基（Vasilij Kandinskij）去世。 ·蒙德利安（Piet Cornelis Mondriaan）去世。 ·孟克（Edvard Munch）去世。
1945	·抗日戰爭勝利，返回重慶。 ·大病一場，惡夢不散。 ·開始畫冊頁，和一系列水彩畫。 ·給花鳥工筆前輩畫家陳之佛畫像。 ·由龐薰琹主辦之「現代繪畫展」於重慶揭幕。林風眠、龐薰琹、倪貽德、方干民、關良、汪日章、趙無極等參展。	·紐約現代美術館舉辦「蒙德利安回顧展」。 ·巴黎「五月沙龍」舉行第一屆展覽。 ·阿姆斯特丹市立美術館與布魯塞爾皇家美術館舉行喬治·布拉克（Georges Braque）個展。 ·德國畫家珂勒惠茲（Kathe Kollwitz）於德勒斯登附近的Moritzburg去世。
1946	·開始跟隨父母寫生於江西盧山等地。 ·以水墨、水彩作畫，完成生平第一本「冊頁」。 ·開始畫了大量水彩寫生。同時自學提琴，背唐詩。 ·隨父母遊長江，沿江水彩寫生。 ·由龐薰琹主辦之「獨立美展」於重慶揭幕。 ·由傅雷策展之「龐薰琹個展」於上海揭幕。 ·傅雷、龐薰琹兩家共同赴江西盧山避暑數月，龐薰琹創作了一生最重要的作品〈盧山系列〉。	·畢卡索（Picasso, Pablo）巨型壁畫〈生之歡愉〉完成。 ·亨利摩爾（Henry Moore）在紐約現代美術館舉行回顧展。 ·傑克梅第（Alberto Giacometti）開始創作「拉長」人形的風格。
1947	·廣州首次舉辦龐薰琹、龐均畫展。廣州、香港報刊大肆報導，譽稱畫壇「神童」。 ·開始向音樂家馬思聰學習小提琴。 ·開始油畫寫生（作品30餘件，文化大革命中銷毀）。 ·龐薰琹任廣州藝專美術系主任。	·馬思聰任廣州藝專音樂系主任。 ·傑克森·帕洛克（Jackson Pallock）開始創作第一批滴色畫。 ·封答那（Lucio Fontana）於米蘭發表「空間主義（Spazialism）宣言」。 ·法國現代藝術館開幕。 ·法國畫家波納爾（Pierre Bonnard）於Le Cannet去世。 ·法國畫家馬爾蓋（Marquet Albert）去世。
1948	·在上海義利畫廊舉辦龐薰琹、龐均油畫展。上海《申報》頭條刊出。 ·隨父親到杭州油畫寫生。 ·油畫作品第一次被美國人以10美元購買收藏。	·東北魯迅文藝學院成立。 ·杜布菲（Jean Dubuffet）在巴黎成立「樸素藝術」團體。 ·眼鏡蛇（CoBrA）藝術群於巴黎成立。 ·法國藝術家喬治·盧奧（Georges Rouault）遺囑訴訟勝訴，公開焚燬315件他不允許存在的作品。

年 代	龐 均	相 關 紀 事
1949	·以同等學歷考入杭州中央美術學院華東分院習畫，（十三歲入學）。 ·第一次到浙江農村作畫，創作第一幅木刻版畫 WOODCUT　18×22cm。	·中華全國文學藝術工作者聯合會成立。 ·保羅·高更（Paul Gauguin）百年冥誕紀念展於巴黎揭幕。 ·「亨利·摩爾（Henry Moore）回顧展」在巴黎國立現代美術館舉行。 ·巴黎國立現代美術館舉行馬蒂斯（Matisse Henri）八十歲近作展。
1950	·第一次看到俄羅斯鉛筆素描習作，開始研究「契斯恰可夫素描教學法」。 ·龐薰琹任中央美術學院華東分院教務長。	·中央美院成立。 ·杭州國立藝專改名中央美術學院華東分院。 ·威尼斯國際雙年展舉行「野獸派、立體派、未來派、藍騎士」回顧展。
1951	·參加安徽皖北土地改革，目睹苦難農民生活，在農村生活半年，同時作畫。	·法國藝術暨理論家喬治·馬修（Georges Mathieu）提出「記號」在繪畫中的重要性將超過內容意義的理論。
1952	·轉入北京中央美術學院(THE CENTRAL ACADEMY OF FINE ARTS)學習。	·羅森伯格（Robert Rauschenberg）首度以「行動繪畫」稱謂美國抽象表現主義畫家帕洛克（Jackson Pallock），為美國繪畫取得第一次發言權。
1953	·到河北省保定、定縣等體驗生活，收集素材。 ·水彩畫〈二十四間房〉入選全國第一屆水彩展（年齡最小的17歲畫家）深獲好評。 ·周恩來委託龐薰琹籌建中央工藝美術學院。任「中央美術學院」工藝美術研究室主任。	·徐悲鴻因腦溢血症復發逝世。 ·齊白石任全國美協主席。 ·法國畫家布拉克（Georges Brague）完成羅浮宮天花板上的巨型壁畫〈鳥〉。 ·法國畫家勞爾·杜菲（Raoul Dufy）去世。
1954	·畢業於中央美術學院(THE CENTRAL ACADEMY OF FINE ARTS)。 ·先後任北京畫院等專任油畫家，並兼任北京藝術院校教學至1980年止。在這期間曾七次參加全國性美術展覽，八次參加北京市美術展覽暨聯展。 ·龐薰琹任「中國工藝美術代表團」團長，赴蘇聯考察。	·徐悲鴻紀念館在北京落成。 ·法國畫家馬蒂斯（Matisse Henri）去世。 ·法國畫家和雕塑家安德烈·特朗（Andre Derain）於Garches去世。 ·墨西哥畫家芙瑞達·卡羅（Frida Kahlo）去世。
1955	·創作一系列「宣傳畫」，獲「青年畫家」稱號。	·奉派前來教學的蘇聯著名油畫家馬克西莫夫到北京，出任中央美院顧問，並成立「馬克西莫夫油畫訓練班」。 ·黃賓虹逝世。 ·西德舉行第一屆文件大展。 ·幾何抽象藝術家維克多·瓦沙雷（Victor Vasari）發表「黃色宣言（Yellow Manifesto）」。 ·法國藝術家畢費（Buffet Bernard）舉行主題為「戰爭的恐怖」大展。 ·法國畫家郁特里羅（Maurice Utrillo）去世。 ·國立台灣藝術專科學校成立。
1956	·20歲加入中華全國美術家協會為會員，列入「青年畫家」。 ·與日本前輩畫家在北京座談。 ·油畫寫生於秦皇島。 ·油畫寫生於石家莊平山。 ·中央工藝美術學院成立，龐薰琹任第一副院長。	·蘇聯雕塑家克林杜霍夫在北京舉辦第一屆雕塑訓練班。 ·普普藝術（Pop Art）正式誕生。
1957	·開始畫油畫靜物，〈芍藥〉71×60cm。 ·先後罹患肝炎、肺結核。精神困苦，大難不死。 ·大鳴大放反右鬥爭開始，江豐、龐薰琹被打成反黨集團，成為美術界大右派。 ·丘堤心臟病去世。	·國立台灣藝術館成立。 ·北京中國畫院成立，葉恭綽任院長，齊白石任名譽院長。 ·齊白石去世。 ·法蘭西斯·培根（Francis Bacan）首次在巴黎展出他創作的梵谷肖像系列。
1958	·討論土耳其抽象畫家之藝術（在美術家協會）。 ·參加俄羅斯藝術大展的創作講座。 ·開始每日三幅小油畫寫生，一個暑期寫生200幅。（在農村與工廠） ·思考主題的「非正面」表現方式，懷疑構圖是否一定要正面「戲劇性」和「文學表現性」。	·潘天壽獲蘇聯藝術研究院榮譽院士。 ·畢卡索在巴黎聯合國文教組織大廈創作巨型壁畫〈戰勝邪惡的生命與精神之力〉。 ·法國畫家喬治·盧奧（Georges Rouault）於巴黎去世。 ·法國野獸派畫家弗拉曼克（Maurice de Viaminck）去世。
1959	·創作巨幅油畫〈工地洗衣組〉，觀眾反映是10年來優秀油畫創作的作品之一，中國美術館典藏。是作者成名作（23歲完成作品）。 ·「北京美展」於紫禁城午門開幕，龐均油畫創作〈工地洗衣組〉面世。	·于非闇逝世。 ·義大利畫家封答那（Fontana Lucio）創立「空間派」繪畫。 ·建築大師萊特(Frank Lloyd. Wright)設計建造的古根漢美術館（Guggenheim Museum N.Y.）在紐約開幕。 ·美國藝術家艾倫·卡普羅（Kaprow Allan）為「偶發藝術」定名。
1960	·深入農村作畫。 ·參加文物工作隊，開挖十三陵地下宮殿，與明史專家討論，進入墓穴實地寫生原貌。 ·赴山西太原作畫，完成劉胡蘭紀念館，〈劉胡蘭訪貧問苦〉歷史畫一幅。 ·開始一年四季大量風景寫生。	·尤氏·克萊因－在巴黎國際當代藝術畫廊運用裸女為「畫筆」做公開表演。 ·「超現實國際展」在巴黎舉行。 ·雷斯坦尼（Pierre Restany）在米蘭發表「新寫實主義」宣言。
1961	·研討油畫民族化的方向問題。 ·為北京首都博物館創作歷史畫。	·紐約現代美術館展出「集合藝術（Assemblage）」。
1962	·赴上海、常熟寫生。訪傅雷，與傅雷討論林風眠的藝術；談傅聰的音樂表現。 ·寫生「從繁到簡」豁然有所悟。 ·負責開辦「北京青年美術學校」主持教務。	·西班牙畫家達比埃斯（Antonio Tapies），保加利亞畫家克里斯多（Christo Javacheff）崛起國際藝壇。
1963	·創作巨幅油畫〈金秋〉作品遺失。 ·和李苦禪大師交流。李苦禪示範潑墨寫意，提出重要論點─「油畫家唯一和中國水墨心靈相通的就是Matisse」。從此開始研究「中國寫意」與「野獸派」的藝術比較，思考如何昇華「藝術哲學」之層次。從美學理論探討，破解中西藝術結合的問題，創造東方油畫風格。 ·研究俄國畫家科羅文、謝洛夫、列維坦（Levitan）三位畫家技法。開始研究 Marquet Albert，轉向「印象派」、「後期印象派」、「野獸派」與「表現主義」。	·中國美術館落成。 ·美國普普藝術家湯姆·維塞曼（Wesselmann Tom）完成〈偉大的美國裸體〉作品。 ·挪威奧斯陸孟克美術館開幕。
1964	·畫風開始走向寫意。 ·專心研究「印象派」暨「野獸派」。 ·回常熟老家寫生。	·羅特列克（Touloue－autree，H.M.R.de）作品在巴黎展出，以紀念百歲冥誕。 ·第三屆文件展在德國卡塞爾舉行。波依斯展出〈油脂椅子〉作品。

年代	龐均	相關紀事
1965	・參加西藏文化展覽工作，結交藏民朋友，了解藏族文化。 ・從西藏文化的色彩，獲得色彩對比新認識。 ・開始深入研究藝術家傳記暨「印象派繪畫史」、「俄國巡迴畫派」。 ・因為特別欣賞康士坦丁，科羅文式的俄羅斯「印象派」的技術與用筆，臨摹過其作品。	・傅抱石去世。 ・超現實主義畫家達利（Salvador Dali）晚年完成〈Prepignan 火車站〉。 ・歐普藝術在美國風行。 ・德國藝術家約瑟夫・波依斯（Joseph Beuys）在杜瑟道夫表演「如何對死兔解釋繪畫」。
1966	・文化大革命開始。 ・銷毀兒童時期重要作品。 ・銷毀所有人體習作。	・中央美院紅衛兵舉行第一次批鬥大會，葉淺予等教授作為「牛鬼蛇神」被陪鬥，並關進牛棚。 ・極限藝術（Minimal Art）正式在美國猶太美術展出。 ・馬賽・布魯爾設計紐約惠特尼美術新館落成。 ・現代藝術的忠實導師漢斯・霍夫曼（Hofmann Hans）逝世。
1967	・接受巨幅宣傳壁畫任務（1967？ 976）。 ・寫生風景以名勝古蹟為主，作品陳列王府井（北京畫廊）。而聲名大噪。	・畢卡索作品〈三個樂師〉在三個月內有 60 萬 2132 人參觀。 ・首次大型畢卡索雕塑展在紐約舉行。 ・「地景藝術」產生。 ・「貧窮藝術」出現。 ・巴黎現代美術館首次展出動力藝術「光的動力」。
1968	・再一次被批判為「資產階級知識份子」、「修正主義」。 ・下放農場勞動。 ・下放鐵工場打鐵做鉗工。 ・做磚瓦小工蓋房子。	・「藝術與機械」大展在紐約舉行。 ・第四屆「文件展」在卡塞爾舉行。 ・馬歇・杜象（Marcel Duchamp）於 Neuilly 去世。
1969	・參加勞動—鐵工、鉗工、車工、蓋房子先後一年。 ・深夜在家中作畫。 ・每天看印象派畫冊、聽音樂。酒量大增。	・安迪・沃荷（Andy Warhol）開拓多媒體人物畫作。 ・地景藝術家克里斯多（Christo Jaracheff）在澳洲海岸，使用 100 萬平方英尺的塑膠布及 35 英里長的繩子，把一英里長的海岸線包紮起來〈Wrapped Coast〉。
1970	・油畫作品：〈深秋的約會〉（與籍虹婚前）116.5 × 77cm。 ・在農場艱苦勞動。 ・畫靜物。 ・作品：〈窗外之冬〉。 ・開始重燃畫畫衝動。	・德國科隆舉行「偶發與流動藝術」10 年歷史的慶祝活動。
1971	・到山區馬蘭山村生活收集素材。 ・臨摹李可染的江南水墨寫生，結論是：理念轉向中國文人，「畫技」必須是油畫技巧，而且要更加成熟，方可成器。	・德國杜塞道夫展出「零」團體展。 ・為慶祝畢卡索 90 歲生日，畢卡索親自挑選畫作於羅浮宮展出，這是法國對於當代藝術家史無前例的尊崇。 ・地景藝術家克里斯多（Christo Jaracheff）發表〈山谷簾幕〉（Valley Curtain），在美國科羅拉多的河谷間搭起 1250 英尺長的橙色大簾幕。
1972	・與油畫家籍虹結婚。 ・畫作品：〈艱苦歲月〉（與籍虹婚後）61 × 73cm。 ・寫生於北京郊區、香山等地。 ・畫雪景（零下 9 度寫生）。	・上海美術展覽會開幕。 ・德國西柏林展出「物件、行動、計劃，1957-1972」。 ・第五屆「文件展」在德國卡塞爾舉行。
1973	・每日深夜作畫，開始創作〈送水〉。（作品下落不明） ・深入北京西郊山區—馬蘭村。 ・開始思考，繪畫的簡化和平面二度空間。 ・龐氏第三代藝術家龐瑤出生。	・畢卡索（Picasso Pablo）逝世。 ・帕洛克（Jackson Pollock）潑灑繪畫以 200 萬美元賣出，創美國畫家作品最高價。 ・紐約亦所大學社會研究所舉辦「色情藝術展」，包括達利（Salvador Dali）、夏卡爾（Marc Chagall）、畢卡索、羅丹（Auguste Rodin）、葛羅茲（Grosz George）等名家作品。 ・地景藝術家羅伯特・史密遜（Robert Smithson）在 Amarillo 墜機身亡。 ・蘇聯畫家約干松去世。
1974	・先後兩次去西安、延安寫生。 ・創作巨幅風景〈延安寶塔山〉200 × 400cm 北京歷史博物館藏。 ・參觀正在出土的秦始皇墓（兵馬俑），了解出土過程。	・西德舉辦弗烈德利赫（Friedrich, Caspar David）繪畫展，紀念浪漫派先驅 200 週年誕辰。 ・法國巴黎大皇宮舉行印象派百年展。 ・達利劇場美術館在西班牙菲格拉斯鎮正式落成。 ・墨西哥畫家席蓋洛斯（Siqueiros, David Alfaro）去世。
1975	・深入北京石景山鋼鐵工廠，在煉鋼廠實習煉鋼與寫生。現場寫生十分辛苦，隨時有燙傷之危。夜晚利用運送礦石火車的燈光在軌道旁寫生。	・陝西臨潼兵馬俑出土。 ・地景藝術家丹尼斯・奧本漢（Dennis Oppenhein）於紐約現代美術館展出「兩大洋計畫」（Two Ocean Projects）。 ・紐約蘇荷區（SOHO）形成新的藝術中心。
1976	・油畫：〈丁香花〉68 × 60cm。 ・油畫：〈魯迅故居〉（北京）44.8 × 55cm。 ・看望尚未復職的江豐，談 VAN GOGH 的素描。 ・寫生各名勝古蹟暨創作鋼鐵廠〈高爐一號〉、〈周恩來肖像〉等作品，陳列王府井北京畫廊。作品被日本、美國、加拿大等人士購藏。	・地景藝術家克里斯多（Christo Jaracheff）在美國加州製作〈飛籬〉。 ・康丁斯基夫人捐贈 15 幅（1908-1924）作品予法國國家現代美術館。 ・德國慕尼黑舉辦康丁斯基回顧展。
1977	・與曹達立合作，創作〈天安門華燈初上〉巨幅油畫，入選北京市美展。 ・創作〈東方紅煉油廠之晨〉入選北京市美展。 ・創作〈韶山日出〉入選北京市美展。 ・創作〈送水〉參加工人美展。 ・創作〈天安門廣場之傷痛〉。 　以上作品全部不知下落。 ・步行攀登黃山七小時，畫素描。 ・步行江西廬山（3000 公尺），作畫寫生。 ・冬季零下 6 度寫生於北京「頤和園」，在昆明湖冰上作畫而落入冰湖中險象環生。 ・夏季再度寫生於北京「頤和園」，因營養不良休克於廁所尿池中，無人知曉。	・比利時紀念畫家魯本斯（Rubens Sir Peter Paul）誕辰 400 週年，舉行為期一年的慶祝活動。 ・法國龐畢度藝術中心開幕，以馬塞・杜象（Marcel Duchamp）作品為開幕首展。 ・第六屆文件展於德國卡塞爾市舉行。 ・紐約現代美術館展出「圖案繪畫在 P.S.I.」，展出裝飾性藝術。

年 代	龐 均	相 關 紀 事
1978	・重返北京畫院成立油畫創作組。 ・兼任教於北京中央戲劇學院舞台美術系。 ・深秋在北京香山與劉海粟相遇，共同寫生，冬季在北京飯店再訪劉海粟。 ・油畫〈文明的見證〉68×60cm 墨西哥博物館收藏。 ・到桂林－陽朔寫生 30 天，作品 40 幅。 ・與閻振鐸私下共同策劃創舉非官辦畫展之可能性。決心為此一搏，得到北京市美協劉迅支持。 ・邀請老、中、青畫家參展，不設審查制度，定名「新春畫展」。並邀請江豐寫「前言」。展覽震撼全國，掀起全國美術在野運動。 ・到廣西美術學院，訪陽太陽前輩。 ・到廣西瑤族自治區走訪寫生。 ・龐均、閻振鐸、曹達立三人假北京勞動人民文化宮舉辦風景寫生展，首次打破自 1949 年以來畫家個人自辦展覽之記錄，此一劃時代的藝術行為引起社會重視。	・柯爾達（Calder Alexander）的戶外大型鋼鐵雕塑「Stabile」屹立巴黎。 ・義大利畫家德・基里訶（Giorgio de Chirico）於羅馬去世。
1979	・組織並參加「新春油畫家展」，創辦自 1949 年以來第一個非官方大型油畫展，掀起大陸在野美術運動高潮。同年創辦大陸第一個民間畫會「北京油畫研究會」組織，並參加首次年展。 ・曾任長沙湖南美術家協會、湖南師範大學、廣東美術家協會、廣州美術學院客串學術講座。隨後產生「星星畫會」等藝術團體。 ・在長沙湖南師範學院講座美術在野運動的意義。 ・在湖南美術家協會配合下，在長沙油畫示範。 ・在廣州美術學院再次座談提倡美術在野運動之必要。	・美國古根漢美術館展出約瑟夫・波依斯（Joseph Beuys）作品。 ・巴黎大皇宮國家畫廊展出畢卡索遺囑中捐贈給法國政府其中的八百件作品。
1980	・離大陸前夕，父子長談「色彩感的天性」問題。討論「灰色調」是色彩的最高境界，亦是難度最高，且與人以不易知。 ・定居於香港。以港幣 26 元起家，生活陷於極度艱難。 ・於香港藝術中心(HONG KONG ARTS CENTRE)舉辦個人油畫展。展出二十二幅作品，售出九幅而轟動香港畫壇。 ・在九龍與林風眠會面。轉達諸多訊息。 ・藝術論：「風景－－一朵人民喜愛的花」發表於中國美術家協會安徽分會《安徽美術通訊》1980年元月號。 ・創作自述：「我的探索」1980 年 8 月發表於香港《美術家》雜誌。 ・創作自述：「只畫我所愛」發表於香港雜誌、報刊。 ・創作自述：「凝固的音樂、形象的詩篇－我在繪畫中的探索」發表於香港雜誌、報刊。 ・中央工藝美術學院師生作品展於中國美術館舉行，龐薰琹重新復出。	・中央美術學院 1978 級研究生畢業展在中央美術學院舉行。 ・吳冠中發表「關於抽象美」文章，在美術界引起一場大辯論。 ・紐約近代美術館建館五十週年特舉行畢卡索大型回顧展作品。 ・紐約古根漢美術館舉辦「波依斯作品展」。 ・義大利威尼斯雙年展推出由阿敘利・波尼多奧利法推動的義大利「泛前衛」。
1981	・於香港置富花園(CHI FU COMMERCIAL CENTRE)舉辦個人油畫展。 ・參加當代香港藝術雙年展。 ・兼任於香港中文大學校外進修部(CHINESE UNIVERSITY EXTRAMURAL STUDIES)主持油畫技法課程。	・法國第十七屆「巴黎雙年展」開幕。 ・紐約「惠特尼美術館雙年展」開幕。 ・新表現主義展覽「繪畫中的新精神」在倫敦皇家學院舉行。
1982	・參加香港華人現代藝術研究會年展。 ・兼任香港中文大學校外進修部，主持油畫班。	・第七屆「文件大展」在德國舉行。 ・義大利主辦「前衛・超前衛」大展。 ・荷蘭舉行「60 至 80 年的態度—觀念—意象展」。 ・「白南準（Paik Nam June）錄影藝術回顧展」在紐約惠特尼美術館展出。 ・國際樸素藝術館在尼斯揭幕。 ・比利時畫家保羅・德爾沃（Delvaux Paul）美術館成立揭幕。
1983	・在法國駐港文化部長家，再次與劉海粟夫婦會面，暢談法國畫事。劉海粟特題字一幅——「妙造自然」。 ・與香港中文大學「新亞書院」創辦人，文學家熊式一博士結為好友。 ・與美術同學新尚誼夫婦在香港見面，相聚數日後新尚誼返北京接任中央美術學院副院長之職。 ・與香港翻譯中心主任宋淇教授來往密切，談「龐薰琹的藝術」與「龐均的藝術」。 ・「中央工藝美術學院」舉辦龐薰琹教授執教 52 周年慶祝活動和展覽。 ・「龐薰琹畫展」於中國美術館揭幕。	・龐畢度中心展出波蘭當代藝術巴爾丟斯作品展。 ・法國巴黎大皇宮國家畫廊展出「馬內百年紀念展」。 ・巴黎舉行 F.I.A.C.國際當代藝術大展。 ・倫敦泰德畫廊展出「主要的立體主義，1907-1920」。 ・克里斯多（Christo Javacheff）在佛羅里達遇阿密畢斯凱恩灣製作〈圍島〉地景藝術。 ・西班牙畢爾包舉辦第三屆國際現代藝術大展。 ・巴塞隆納米羅基金會及馬德里國立現代美術館舉行「米羅（Joan Miro）90歲紀念展」。 ・西班牙畫家米羅（Joan Miro）於馬洛卡去世。
1984	・於香港浸會學院音樂美術系(HONG KONG BAPTIST COLLEGE MUSIC & FINE ARTS DEPARTMENT)任教。並兼任香港浸會學院校外進修部(HONG KONG BAPTIST COLLEGE DEPARTMENT DIVISION OF EXTRAMURAL STUDIES主持素描、水彩課程至1987年。 ・再三思考藝術家生存與成功必須有六大條件：其一：要堅持自己的文化背景。其二：絕對不能碰政治，走官場路線。其三：要有一間畫室。其四：要有飯吃（畫可以賣出去）。其五：絕對不走「商業路線」賺錢，保持「藝術寂寞」行「自我之路」。其六：最重要的是有無「學術」暨「修養」的昇華，能始終保持創作靈性。 ・決心離開香港都會。	・法國總統密特朗任命貝律銘，為羅浮宮設計玻璃金字塔，引發爭議。 ・羅丹美術館展出卡蜜兒・克勞黛遺作。 ・法國國立現代美術館展出那比士派藝術家皮耶・波納爾（Pierre Bonnard）畫展。
1985	・返回北京數日，探望病危父親。生死一別。 ・策劃在香港人民大會堂主辦兩場傅聰鋼琴獨奏會，轟動藝文界。 ・撰寫音樂評論：「傅聰的音樂」香港星島日報 1985。 ・父親龐薰琹去世。自認為最了解他一生從未表示過的最深沈的「藝術心」，決心做到父親終生理想，而又尚未實現的「畫事」。只可意會不可言傳。	・趙無極返浙江美院（母校）教授有關油畫及炭畫課程，並受聘為榮譽教授。 ・克里斯多（Christo Javacheff）包紮巴黎的新橋。 ・龐畢度中心展出「非物質」，表達後現代主義觀點。 ・「第三空間，紐約派的雕塑」於惠特尼美術館、福特威斯美術館、克立夫蘭美術館、新港美術館等地展出。 ・莫內（Monet Claude Oscar）的〈印象・日出〉遭竊。 ・巴黎成立畢卡索美術館。 ・猶太畫家夏卡爾（Marc Chagall）於 St－Pual－de－Vence 去世。 ・杜布菲（Dubuffet Jean）去世。

年 代	龐 均	相 關 紀 事
1986	・在香港中文大學校外進修部主持油畫班。 ・在香港浸會學院音樂美術系任教。 ・在香港與抗戰畫面，談藝術家之生活。 ・在香港與文學家熊式一結為忘年之交，為熊式一畫肖像。 ・決心離開香港，同時放棄赴法國定居的理想，尋找有中國文化背景之地，創作終生。 ・龐薰琹《中國歷代裝飾畫研究》出版。	・上海美術館落成。 ・法國巴黎奧塞美術館開幕。 ・美國洛杉磯當代藝術熱潮：「安德森館」增建落成。 ・洛杉磯當代美術館 MOCA 開幕。 ・德國柯隆路德維格美術館落成。 ・亨利摩爾(Henry Moore)於Much Hadham Hertfordshire去世。 ・美國畫家喬琪亞・歐姬芙（Georgia O'keeffe）於新墨西哥州聖塔菲去世。 ・德國藝術家約瑟夫・波依斯（Joseph Beuys）去世。
1987	・三月於《藝術家雜誌》第146期發表文章： 　(1)「紀念父親龐薰琹」。 　(2)「我的父親龐薰琹」。（《藝術家雜誌》第146期）。 ・6月於臺北龍門畫廊舉辦個人在台灣首次油畫展。轟動新聞界。 ・8月定居臺灣，並在國立臺灣藝術專科學校任教。 ・藝術短文： 　(1)「永遠的探索—我的油畫展」。（《藝術家雜誌》1987） 　(2)「中國人與油畫藝術」。（《藝術家雜誌》1987） ・藝術教學論： 　「論色彩訓練法」1987 ・油畫作品（代表作）： 　1〈斷腸人在天涯〉1987（72×72cm） 　2〈夢黃賓虹NO.1〉1987（72×72cm）	・梵谷（Van Gogh Vincent）名作〈向日葵〉（1888年作）在倫敦佳士得拍賣公司以3990萬美元賣出。 ・梵谷名作〈鳶尾花〉（1889年作）在紐約富比拍賣公司以5390萬美元成交。 ・美國紐約大都會美術館由凱文・羅契設計的增建翼館落成。 ・美國國家畫展出馬蒂斯「在尼斯的早年」。 ・龐畢度中心舉辦十週年慶祝大展「我們的時代：流行、道德、熱情，今天的藝術1977～1987」。
1988	・著作《油畫技法哲學》出版。（藝術家出版社發行） ・油畫作品〈藝術與歷史NO.1〉、〈藝術與歷史NO.2〉參展於法國巴黎美術學院。	・「中國－巴黎・早期旅法畫家回顧展」於台北市立美術館展出。 ・台灣省立美術館揭幕。 ・紐約興起電腦藝術熱。 ・美國塗鴉畫面巴斯奇亞（Jean－ichel Basquiat）去世。
1989	・3月油畫個展於龍門畫廊。 ・臺中當代藝術中心油畫個展。 ・臺灣省第四十四屆全省美展油畫評審委員。 ・與九十歲的林風眠最後一次見面。 ・創作自述： 　「匆匆走過四十二年藝術生涯」發表於《藝術家》雜誌。 ・開始在台灣各地寫生—九份、鹿港、美濃、墾丁、東海岸等地。 ・油畫作品（代表作）： 　1〈三月桂花香〉80×65cm。 　2〈九曲巷〉80×65cm。 　3〈碧潭老街〉80×65cm。 　4〈昔日九份〉80×65cm。	・紐約現代美術館舉辦「畢卡索和布拉克的對話」特展。 ・巴黎科技博物館舉辦電腦藝術大展。 ・貝律銘設計的羅浮宮入口「金字塔廣場」正式落成開放。 ・超現實主義畫家達利（Salvador Dali）於西班牙加泰隆尼亞的 Figueras 去世。
1990	・2月龐氏家族畫展。（台北） ・與劉海粟夫婦在國立藝專再次見面。 ・發表論文：「繪畫傳承的藝術啟示—一份有關創作意念的學術報告」出版單行本、暨《藝術家》1990 177號。 ・藝術論短文：「裝飾的繪畫性、精神性與浪漫性」1990國立藝專美工科《設計人》期刊25期。 ・藝術論：「油畫技巧的核心」1990國立藝專美術科《美訊》第七期。	・義大利質樸藝術（貧窮藝術）大師馬里歐・梅茲（Mario Merz）於紐約古根漢美術館舉行首次在美國的大型回顧展。 ・荷蘭政府盛大舉辦梵谷百年活動，帶動全球梵谷熱。 ・美國塗鴉藝術家哈陵（Haring Keith）去世。
1991	・1月於台北龍門畫廊舉辦個人油畫展。 ・撰文：「九十年代中國畫壇的盛事—龐薰琹美術館成立」發表於《藝術家》8月號。 ・出版第一本小畫冊，發表短文「不入自然，焉得造化」。 ・與籍虹、龐瑤到蘇州、杭州寫生。二度上「黃山」寫生。 ・與籍虹、龐瑤到常熟了解「龐薰琹美術館」建館情況。 ・龐薰琹美術館落成。 ・籍虹在台北皇冠藝文中心首展。	・林風眠病逝於香港。 ・巴黎印象派美術館重新開放為展示當代藝術。 ・法國舉辦首屆里昂當代藝術雙年展。 ・法國馬摩丹美術館失竊的莫內〈印象・日出〉等名作失而復得。
1992	・10月於高雄三愛創意藝術中心油畫個展。 ・《龐均油畫選》出版。發表藝術論文「色彩的精神性」。（同時發表於 國立藝專《藝術學報》五十一期）。 ・12月於臺北有熊氏藝術中心舉辦個人油畫展。 ・出版《龐均油畫選—台灣寫生系列》（藝術家出版社出版）。 ・發表藝術隨筆：「寫生日記」。 ・籍虹在高雄三愛創意藝術中心個展。	・普普藝術之父漢彌爾頓（Hamilton Richard）回顧展於倫敦泰德畫廊舉行。 ・德國新表現派畫家印門朵夫（Jorg Immendorff）於紐約展出。 ・英國現代藝術大師培根（Francis Bacan）逝世。
1993	・第七屆南瀛美展油畫評審委員。 ・油畫作品： 　〈魯迅故居〉1976（44.8×55cm），由SOTHBY'S 1993拍賣，以預估價兩倍落槌。《民生報》報導。 ・全省各地寫生。 ・開始創作巨幅油畫。	・米羅（Joan Miro）百年冥誕特展，在西班牙巴塞隆納揭幕。

年 代	龐 均	相 關 紀 事
1994	・5月應邀於臺灣省立美術館舉辦油畫個展。 ・《龐均油畫作品選》，發表「油畫創作理念的探索」一文。同時發表於國立藝專《藝術學報》五十四期。 ・5月於臺北亞洲藝術中心舉辦油畫新作展。 ・出版《龐均油畫選》，發表「新寫意主義之探索——再論油畫創作之理念」。 ・列入大陸出版之《中國當代藝術界名人錄》。 ・籍虹在台中現代藝術空間個展，出版《籍虹油畫集》。	・巴黎馬摩丹美術館舉行女性印象派藝術家展，展出美國卡莎特（Cassatt Mary）、法國的莫莉索（Morisot Berthe）及貢薩蕾絲的作品。 ・安迪・沃荷（Andy Warhol）美術館於賓州匹茲堡開幕。 ・維也納市立猶太博物館開館。
1995	・任國立臺灣藝術學院專任副教授。 ・3月於臺北舉辦油畫小品個展。 ・列入英國劍橋世界名人錄。《DICTIONARY OF INTERNATIONAL BIOGRAPHY（24）》。 ・發表論油畫小品於國立臺灣藝術學院，《藝術學報》五十六期。暨《藝術家》雜誌。 ・1987～1995八年間與故宮博物院副院長譚旦冏先生來往密切，成為忘年之交。	・中國油畫學會成立。 ・威尼斯雙年展舉行百年展，本年以人體為主題，展題為「有同、有不同：人體簡史」，策展人為巴黎畢卡索美術館長克萊爾。 ・地景藝術家克里斯多（Christo Javacheff）展開包裹柏林國會大廈計劃。
1996	・6月於錦繡藝術中心舉辦詩情油畫個展。出版《龐均詩情油畫集》，同時發表「創作告白」、「論詩情畫意的藝術哲學」論文二篇。 ・藝術論文「藝術伴侶」的私房話,THE WHISPERING GALLERY OF THE ART COMPANIONS發表於國立台灣藝術學院《藝術學報》第五十八期。	・第一屆上海美術雙年展，於上海美術館舉行。 ・「第一屆中國油畫學會展」在中國美術館展出。 ・巴黎龐畢度藝術中心展出「女性／男性：藝術中的性」。 ・巴黎大皇宮國家畫廊展出「柯洛（Camille Jean Baptiste Corot）誕生兩百年回顧展」。 ・芝加哥當代藝術館（MCA）正式開館。
1997	・列入（IBC）"500第一"之列。 ・出版《決瀾社與決瀾後藝術現象》 THE STORM SOCIETY & POST－STORM ART PHENOMENON ・創建中國自己的現代藝術—「決瀾」與「決瀾後」。 ・藝術短文：「決瀾社與決瀾後藝術現象」 THE POST－"STORM" ART PHENOMENON ・在台北舉辦「龐氏家族」部份成員展。 ・1997～1998為民視電視台「話說台灣」寫生於烏來、平溪、汐止。作品：〈小鎮〉、〈平安的一天〉、〈舊火車站〉、〈廟之門〉、〈老街中的新樓〉等。 ・開始大量創作巨幅油畫。	・大都會博物館中國區開放，董源〈溪岸圖〉最受注目。 ・德國文件展開幕，頗具回顧二十世紀歷史意味。 ・歐姬芙美術館於美國新墨西哥州聖塔非開幕。 ・抽象表現主義先趨杜庫寧（De Kooning Willem）去世。 ・歐普藝術大師瓦沙雷（Victor Vasarely）去世。 ・普普藝術家李奇登斯坦（Lichtenstein Roy）去世。
1998	・開始畫巨幅油畫，展現色彩與用筆肌理，畫風進一步走向寫意。 ・教授升等通過（《高教簡訊》97期88.4.10公佈審查通過國立台灣藝術學院龐均教授等級"油畫作品58件展出、代表著作"）。 ・亞洲藝術中心「龐均油畫個展」。 ・台北縣文化基金會、新店市公所主辦「龐均巨幅油畫寫意展」。 ・發表藝術論「中國油畫探索創新之艱辛」。	・「蛻變・突破：華人新藝術展」於紐約P.S.1.當代藝術中心及亞洲協會展出。 ・古根漢美術館西班牙畢爾包分館開幕。 ・巴黎大皇宮國家藝廊舉辦「拉圖爾（Georges de La Tour）回顧展」，以紀念神秘光線大師。 ・第十七屆拱之大展（ARCO）於馬德里展開。 ・達文西〈最後的晚餐〉修復完成，重新開放。
1999	・藝術短文： 1「色、線、形的交錯」。 2「圖象的哲學」1999《設計人》NEW DESIGNER33。 ・台北縣立文化中心邀請展「龐均油畫寫生作品展」從印象走向中國式的表現主義。探索油畫寫意新理念。 ・高雄市立文化中心邀請展"決瀾社"之子龐均油畫展」以色、線、形的交錯傳達東方人的激情與精神。 ・籍虹在台北縣文化中心舉辦「為流浪動物表達心聲」油畫展，出版《籍虹流浪動物油畫集》。 ・龐瑤獲第十三屆南瀛美展油畫南瀛獎。	・中央工藝美術學院併入清華大學，更名為清華大學美術學院。 ・第48屆威尼斯雙年展在義大利舉行。 ・巴黎奧塞美術館展出「杜米埃回顧展，窺見十九世紀黑暗法國」。 ・荷蘭阿姆斯特丹眼鏡蛇美術館舉辦慶祝「眼鏡蛇藝術群（CoBrA）50週年」系列展覽及活動。 ・畢費（Buffet Bernard）因病自殺。
2000	・參加上海「龐薰琹三代九人藝術展」。在上海、常熟兩地作現場油畫示範（作品165×165cm）。 ・獲聘常熟高等專科學校為油畫客座教授。 ・藝術論短文： 1「道路不凡—龐瑤的成長」2001。 2「籍虹實錄」2000。 ・藝術評論： 1「論色彩（一）」2000《AIRITI》NO.3。 2「從西方藝術傳承談藝術天才」—音樂與繪畫原本不可分，不懂音樂就不懂藝術。 ・教育論「朝花夕拾—藝術啟示現身說」2000。 ・籍虹在新店市圖書館舉辦「動物油畫展」。	・「海上・上海－第三屆上海美術雙年展」於上海美術館舉行。 ・巴黎龐畢度藝術中心2000年元旦重新開館。 ・倫敦泰德現代美術館啓用。
2001	・於上海主辦兩岸油畫家學術交流研討會，於常熟舉辦「寫生展」暨教學交流。 ・「龐均21世紀油畫首展」於日月光華藝術中心。 ・「龐均油畫台南首展」於德鴻畫廊。 ・著作「油畫技法創新論」正式出版發行。 ・藝術論：「畫家色彩實踐與諸多理論性的問題」2001《AIRITI》NO.6。 ・籍虹在高雄中正文化中心至美軒舉辦「動物油畫展」。 ・龐瑤在日月光華藝術中心舉辦油畫首展。	・位於北京朝陽區佔地200畝的中央美術學院新校園落成。 ・巴塞爾國際藝術博覽會。 ・威尼斯雙年展主題是「人類的平台」。

年 代	龐 均	相 關 紀 事
2002	・油畫個展於臺南。 ・藝術論：「油畫色彩的思索之二─色彩是油畫的靈魂 2002《AIRITI》 NO.4。 ・油畫作品： 1〈蝴蝶蘭與蘋果〉60×73cm 2000 HONG KONG CHRISTIE'S 拍賣成交。 2〈小蓮園〉45×53cm 2000 HONG KONG CHRISTIE'S 拍賣成交。	・巴黎東京宮當代藝術創作中心開幕。 ・第三屆佛羅倫斯國際當代藝術雙年展，於紐約 P.S.I 當代藝術中心展出。 ・「歐洲藝術博覽會 TEFAF」於荷蘭舉行 ・第四屆歐洲藝術雙年展於法蘭克福舉行。 ・魯本斯〈屠殺無辜〉一作以 7620 萬美金於倫敦蘇富比拍出。 ・德國第 11 屆文件大展「第五平台」視覺展隆重登場。
2003	・國立國父紀念館中山國家畫廊邀請油畫個展「龐均的藝術」。 ・列入（IBC）21 紀世界首批 500 位名人。 ・於杭州中國美術學院現場油畫創作示範（165×165cm），作品由學院典藏。 ・發表藝術短論:「堅持藝術與藝術堅持」。 ・參加北京「中國油畫創作研討會」發表論文「創立中國風格的現代油畫藝術之艱辛」。 ・再次寫生於杭州。 ・「龐氏二代私房藝術展」（台北）。 ・藝術講座:「油畫藝術的探索及創新」。 ・藝術短文：「關於私房畫」（發表於《藝術家》雜誌）。 ・油畫作品： 1〈靜物〉2002（60×72cm）HONG KONG CHRISTIE'S 拍賣成交。 2〈社區一景〉2002（60×50cm）HONG KONG CHRISTIE'S 拍賣成交。 3〈狀元橋〉2003（12.5×60.5cm）HONG KONG CHRISTIE'S 拍賣成交。 ・油畫代表作〈放浪於形骸之外〉2003（200×1400cm）。 ・油畫巨作〈十年窗下無人問，一舉成名天下知〉2003（170×170cm）。	・南京徐悲鴻紀念館落成。 ・「攜手新世紀 膃丅中國油畫展」在北京中國美術館舉行。 ・紐約現代美術館皇后館新館展出「馬諦斯與畢卡索」大展。 ・「第八屆國際亞洲藝術博覽會」於紐約舉行 ・第 50 屆威尼斯雙年展開幕，主題為「夢想與衝突」。 ・日本森美術館開幕。
2004	・台北國泰世華藝術中心「千嬌百媚油畫聯展」。 ・國泰世華銀行新樹分行油畫個展「龐均的色、線、形」展期一年（2004.7.15~2005.7.15） ・假智邦藝術基金會油畫個展「龐均的色彩與藝術」。 ・台中青鉅藝術中心「龐均的東方表現主義」。 ・在雲南藝術學院講座與油畫示範。油畫作品 165×165cm 由該學院典藏。 ・參加北京中央美術學院畢業 50 週年展暨展紀念活動。 ・北京中國美術館典藏油畫靜物新作三幅。 ・在北京中央美術學院油畫講座暨油畫示範〈音樂中的色彩〉165×165cm，作品由中央美術學院博物館典藏。 ・在北京清華大學美術學院油畫講座暨油畫示範〈音樂中的寫意〉165×165cm，作品清華大學美術學院典藏。 ・在北京服裝學院講座與油畫示範。 ・巨幅油畫現場示範作品〈音樂中的即興〉國立台灣藝術大學典藏。 ・發表文章：「藝術對談─與北京、清華大學美術學院暨北京服裝學院學生對談記要」。全文刊登國立台灣藝術大學《藝術欣賞》創刊號 1 月暨 2 月號、《藝術家》雜誌。 ・獲 I.B,C 終生成就獎。 ・藝術論：「油畫創新探索中的思想與形式感」。 ・2004 油畫作品： 1〈烏鎮〉2003（72.5×60.5cm）HONG KONG CHRISTIE'S 拍賣成交。 2〈粉紅蘭花靜物〉2003（65×23cm）HONG KONG CHRISTIE'S 拍賣成交。 3〈不是三峽勝似三峽〉1998（162.5×162.5cm）HONG KONG CHRISTIE'S 高價拍賣成交。 ・龐瑤在美國學習三年，取得 MA、MFA 雙學位返台成立個人工作室，任職國立台灣藝術大學、景文技術學院兼任講師。	・第五屆上海美術雙年展，於上海美術館舉行。 ・第三屆柏林當代藝術雙年展揭幕。 ・畢卡索的〈拿煙斗的少年〉在紐約蘇富比以 1 億 416 萬 8000 美元（台幣 34 億 6400 萬元）的天價成交，創下藝術品拍賣的新紀錄。 ・澳洲雪梨雙年展揭幕。 ・法國政府選定在法國北部蘭斯鎮興建羅浮宮美術館的分館，分館取名為羅浮宮美術館二館。
2005	・出版龐均的油畫集—《走過藝術生活 58 年》。 ・畫風進一步轉向半抽象表現主義與東方人文主義，強調用筆中西結合氣韻生動形式多樣，理念始終一致。 ・景文技術學院藝文中心「油畫情」邀請個展。 ・油畫作品〈江南水鄉〉2000（60×72cm）HONG KONG CHRISTIE 拍賣成交。 ・油畫巨作〈澎湖紅牛車 RED OXCART AT PENHU〉2005（177×187cm）北京中華美術館典藏。 ・「龐均的藝術—走過五十八年展」2005 長流美術館，並出版 264 頁畫集。 ・作品：〈千年村屋〉2005 116.5×91cm 佳士得 CHRISTIE'S 拍賣成交。	・第 51 屆威尼斯雙年展中國國家館在威尼斯展出。 ・范迪安任中國美術館館長。 ・寧波美術館開館。
2006	・2月20日早上七時不慎滑倒:一橈骨遠端其他閉鎖性骨折 OTHER FRACTURES OF DISTAL END OF RADIUS（ALONE），CLOSED。 ・被評為教育部暨所屬國立台灣藝術大學 95 年度優秀公教人員。 ・作品〈斷臂一號（星辰花）〉、〈斷臂二號（靜物）〉。 ・作品： 1〈始信峰的陽光〉Sunshine at Mountain Huang Peak 佳士得 CHRISTIE'S 春季拍賣高價成交。 2〈煙雨〉（被定名為〈長江三峽〉）1990（72.5×60.5cm）佳士得 CHRISTIE'S 拍賣成交。 ・籍虹在台中由青鉅藝術中心舉辦個展。 ・龐瑤在台中由青鉅藝術中心舉辦個展。 ・陳文弘第二次修訂「龐均藝術生活年表」。 ・8月26日～10月31日假北京（Beijing）金德瑞藝術中心 GSR Gallery 舉辦「龐均 70 油畫展」。 ・《龐均 70》畫冊出版（藝術家出版社）。	・第一座現代化地下遺址博物館－漢陽帝陵建築遺址保護展示區正式開放。 ・長春長白文化博物館正式開館。 ・錄影藝術大師白南準於紐約逝世。 ・第一座卡通漫畫博物館於倫敦開幕。 ・「林布蘭與卡拉瓦喬」特展在阿姆斯特丹梵谷美術館舉行。 ・奧地利畫家克林姆特（Gustav Klimt）1907 年作品〈艾蒂兒肖像 1 號〉，以一億三千五百萬美元（約四十三億八千萬台幣）的天價，賣給美國紐約市「新藝廊」，打破 2004 年畢卡索畫作〈拿煙斗的少年〉一億零四十一萬美元的紀錄。 ・西班牙政府為紀念畢卡索誕辰 125 周年，分別為馬德里普拉多美術館和索菲亞國家藝術博物館舉辦「傳統」和「前衛」兩項特展。

國家圖書館出版品預行編目

龐均 70=Pang, Jiun ／龐均作.
——初版—— 台北市：藝術家, 民95
面：26 × 37 公分
ISBN 978-986-7034-11-3(平裝)
1.油畫 作品集
948.5 95014292

龐均
Pang, Jiun 70

作　　者　龐　均
出 版 者　藝術家出版社
台北市重慶南路一段 147 號 6 樓
TEL:(02)23886715
FAX:(02)23317096
美術編輯　柯美麗
攝　　影　林裕翔

總 經 銷　時報文化出版企業股份有限公司
中和市連城路 134 巷 16 號
TEL:(02) 2306-6842

製版印刷　欣佑彩色製版印刷股份有限公司
初　　版　中華民國 95 年 7 月

定　　價　新台幣 **400** 元
I S B N　978-986-7034-11-3（平裝）
986-7034-11-2

行政院新聞局出版事業登記證局版台業字第1749號